猫猫治好了我的精神内耗

遗憾也是一种美

[泰] 柴亚派特 著

徐明莺 译

大连理工大学出版社

Dalian University of Technology Press

著作权合同登记号　06–2024 年 第 278 号

图书在版编目（CIP）数据

猫猫治好了我的精神内耗. 遗憾也是一种美 /（泰）
柴亚派特著；徐明莺译. -- 大连：大连理工大学出版
社，2025．7. -- ISBN 978-7-5685-5778-8

Ⅰ. B842.6-49

中国国家版本馆 CIP 数据核字第 2025MF0684 号

猫猫治好了我的精神内耗：遗憾也是一种美
MAOMAO ZHI HAO LE WO DE JINGSHEN NEIHAO：YIHAN YESHI YIZHONG MEI

策划编辑　海迎新			
责任编辑　陈　玫		**责任校对**　邵　青	
责任印制　王　辉		**封面设计**　刘润孟	

出版发行　大连理工大学出版社

地　　址　大连市软件园路 80 号　　　　**邮政编码**　116023

邮　　箱　dutp@dutp.cn　　　　　　　　电　　话　0411-84708842　84707410（营销中心）

网　　址　https://www.dutp.cn　　　　　　　　　　　　0411-84706041（邮购及零售）

印　　刷　大连天骄彩色印刷有限公司

幅面尺寸　130mm×187mm　　　　　　印　张　5　　　　字　数　100 千字

版　　次　2025 年 7 月第 1 版　　　　　印　次　2025 年 7 月第 1 次印刷

书　　号　ISBN 978-7-5685-5778-8　　　定　价　48.00 元

本书如有印装质量问题，请与我社营销中心联系更换。

很多时候，我们似乎并不明白
"做真实的自己"究竟有何深意？

我们为何总是不断模仿他人呢？
仅仅因为他们看起来幸福快乐，
我们就非要立刻跟风效仿吗？
社会向我们定义了幸福的模样，
难道我们就要盲从吗？

一只幸福的猫猫始终坚守本真，
它不会盲目地去模仿别的猫猫。
可为什么人类一边模仿他人，
却又声称在做真实的自己呢？
就让我们透过猫猫的视角，
做真实的自己，寻得属于自己的幸福吧！

目录

引 子

我曾一度困惑，
自己究竟是怎样的一个人。

随着时光的流逝，
我慢慢变成了
自己从未想象过的模样。

就在我再度坚信
这就是真实的自己时，
我却又一次发生了改变。

那么，我到底是谁？
为何我的身份总是在变呢？

那是因为，
我们始终在成长。

随着年龄的增长，我们对幸福的认知也在不断拓展。
我们的身份会随着对幸福认知的变化而改变。

做真实的自己，并不意味着
一成不变。

拒绝改变并非做真实的自己，
而是执着于过去。
最终，只会带来痛苦。

成为更好的自己，
并不是为了迎合社会潮流而改变，
而是意味着专注于自身的幸福。

因为，真正做自己，
并非去复制别人的幸福，
而是为自己本来的样子和所拥有的一切感到幸福。

有些人认为，
只要紧跟潮流就能收获幸福。
然而，当他们真的这么做了，却往往并非如此。

猫猫有着强烈的自我意识，
它们为自己本来的样子而感到幸福。

坦诚地问一句，当人类在做自己的时候，
难道他们没有感到幸福吗？
为何他们似乎从未真正地做过自己呢？

让我们试着做一回真实的自己吧……

未满的月亮

今晚入睡前，
我坐在屋顶，凝视着月亮，
思绪也随之飘远。

尽管今晚的月亮并不圆满，
只是一弯月牙，
但在我看来，它依然那么美。

能成为月亮，想必妙不可言。
圆满也好，残缺也罢，
人们总能洞察其美，
领悟其价值。

人生如同月亮一般。
月亮总是美的，
即便它并非时时圆满。

我们的生活也是如此。
我们无须等待一切都变得完美无缺。
即使有失望的时刻，那些瞬间也可以很美。

一轮不圆满的月亮，依然有着独特的美。
一段不完美的人生，同样也有着美好之处。

一只不完美的猫猫，也不必因此而感到不快乐。
因为不完美同样也是一种美。

一轮不圆满的月亮，
依然有着独特的美。

一段不完美的人生，
同样也有着美好之处。

不要失去才珍惜

这位是养鸭的赫德阿姨。
她是个非常善良的人。
每天吃完饭后,
她都会喂养像我们这样的流浪猫。

阿姨有一个女儿。
在女儿还小的时候,她的丈夫就去世了,
于是她独自抚养女儿长大,
辛苦工作供她读书上学。

她曾一直陪伴在女儿身边，
可女儿一毕业，就不得不去城里工作了。
于是阿姨开始独自生活。

每天喂完我们这些猫猫后，
她就会静静地坐着，脸上带着落寞的神情，望着她养的鸭子。
我想她是在想念自己的女儿了。

她的女儿很勤奋，
就像她母亲一样。
她工作非常努力，忙得根本没时间回来看望阿姨。

日子一天天过去，
阿姨继续独自生活着，
只有像我们这样的流浪猫陪伴着她。

后来有一天，终于，
她的女儿回家了。
她是流着泪回来的，
因为她的妈妈已经去世了。

她的女儿哭得停不下来，
一遍又一遍地为自己没能抽出时间陪伴母亲而道歉，
但阿姨再也听不到这些话了。

这样的故事每天都在上演，
可人类似乎还是不明白。

他们只有在父母生病的时候才会去探望。
如果父母身体还健康，
他们就认为父母能自己照顾好自己。

但那些真正重要的人，
不应该只有在生病或者离世的时候才被重视。

不要等到亲人生病了，
才意识到陪伴。

如果你从未抽出时间看望他们，
就不要说他们对你很重要。

我爱吃鱼

吃完早餐后，
我跳上屋顶，伸伸懒腰。

今天的早餐是烤鱼。
我爱吃鱼。
无论是烤的、炸的、蒸的，还是生鱼片——
对我来说，每一种都美味无比。

对于我们猫猫而言，
吃饭只是为了填饱肚子。
饿了的时候，吃什么都香。
饱了的时候，再美味的食物也提不起兴趣。

简单地吃，简单地享受，
这样的生活也有它的好处。

作为一只猫，
我们的生活并不复杂。
我们吃得简单，活得简单，想得简单，
而且能安然入睡。

当我们学会简单地生活，
幸福也会变得简单。

那么，为什么人类
总是把事情变得复杂呢？

食物必须精心烹制，
光是美味还不够——
还必须看起来也诱人。
生活得舒适还不够——
还得彰显出社会地位才行。

当生活变得愈发复杂，
做真实的自己就变得更难。
如此一来，幸福也变得愈发遥不可及。

成为一个更好的自己，
本应意味着能轻松收获幸福，
而不是把一切弄得过于复杂。

亲爱的人类啊，可别让幸福成为你最匮乏的东西。

别把生活弄得那么艰难。
别成为那种拥有了一切,
却唯独没有幸福的人。

成为一个幸福的自己,
也意味着要学会简单地生活。

无知的智慧

人们总说，

在当今这个世界，知识就是一切。

懂得最多的人，收获也最多。

这位是务农的尼德阿姨。

她对通货膨胀一无所知。

她不明白股票市场的投资是怎么一回事儿，

也不知道市场机制是如何运作的。

她只懂得几件事儿：
如何让她种的蔬菜茁壮生长，
怎样在不使用杀虫剂的情况下防虫，
还有，如果有多余的收成，就应该与他人分享。

尼德阿姨从不关注新闻，
她对外面的世界一无所知，但是……
她懂得什么是善良，
她明白幸福的意义，
她知道知足常乐。

她懂得不多，
但她依旧面带微笑，过得很幸福。

作为一只猫，
我们同样所知甚少。
但我们清楚自己想要什么，
我们知道什么是幸福。

如果通晓一切却不能带来幸福，
那又有什么意义呢？
如果知晓了所有事情却不能让你展露笑颜，
那又何必去了解呢？

那么，你呢？你真正想要知道的是什么？
而那些不能让你幸福的知识，又有什么重要呢？

如果通晓一切却不能带来幸福，
那又有什么意义呢？

试着在无须知晓一切的情况下，
去寻找属于自己的幸福吧。

被新闻裹挟的人类

近来，一种新的潮流正在兴起——
人类越来越关注自身健康了。

他们食用有机食品。
他们知道油脂摄入过多对身体不好，
碳水化合物吃太多也没益处。

人类在饮食方面变得更加谨慎，
对食物也更加挑剔了。
因此，他们的身体健康状况有所改善。

但人类还痴迷于另一种潮流，
那就是获取新闻资讯。

就连猫猫都能感觉到，
比起自身的健康与幸福，
人类更在意的是获取新闻。

如今，新闻传播的速度快得惊人。
到底有多快呢？
在记者写完一篇报道之前，
大家就已经知晓相关消息了。

在互联网时代，
人们只需动动指尖，就能即时分享信息。
每个人都成了记者。
每一分钟，都有源源不断的新闻可供浏览。

新闻不断地被上传、发布和分享。
人类无节制地接收信息，
直至迷失在自己的生活之外。

我们知道某位名人今天吃了什么，
可我们知道自己的母亲今天吃得好不好吗？
我们不知道。
我们知道哪位歌手今天生病了，
可我们知道自己的父亲身体是否舒服吗？
我们不知道。
我们知道哪位政客卷入了什么风波，
可我们今天是不是太过于好奇别人的事了呢？
我们也不清楚。

知道得多固然是好的，
但那些能让我们感到幸福的事，
我们真的了解吗？

猫猫能安然入睡，也能轻易露出满足的神情——
因为猫猫不需要知道所有的事，
只需要了解自己。

懂得多是件好事,
但我们是否明白,
在自己的生活中,究竟什么才是真正重要的呢?

除了了解自己,别奢求知晓一切。

咖啡的滋味

今天，我困得不行。
大概是因为昨晚几乎没怎么睡——
我忙着玩儿了。

困成这样，
如果猫猫可以喝咖啡，
我现在就想来上一杯。

一杯好咖啡，
味道必定是美妙的。

咖啡有着极为独特的风味。
它融合了多种味道。
有苦味、酸味、甜味、醇厚感，甚至还有一丝咸味。
这就是人们喜爱咖啡的原因。

实际上，我觉得
生活就如同咖啡。
它也有着丰富多样的滋味。

有喜悦，有遗憾，有挣扎，也有幸福。
这就是我们的生活故事。
总体而言，一切都恰到好处。

喜欢喝咖啡的人，
会欣然接受咖啡的所有味道。

热爱生活的人，
会接纳生活带来的每一段经历。

想要幸福地生活吗？
那就试试喝杯咖啡吧，喵……

喜欢咖啡的人，
会包容咖啡的所有味道。

热爱生活的人，
会接受生活中的起起落落，因为归根结底，
生活就像咖啡一样，早已达到了完美的平衡。

抱怨

今天，我又有一个关于人类的有趣故事。

当有人抱怨自己不幸福，
而此刻他的周围明明都是能让他幸福的事物时，
这难道不讽刺吗？

一名上班族坐在柔软的椅子上，
身处温度适宜的空调房里，
却因堆积如山的文件而倍感压力。
他觉得自己并不幸福。

一名建筑工人整日在烈日下搬运水泥，
抱怨着自己的生活。
他渴望能坐在有空调的办公室里工作。
他觉得自己并不幸福。

一位坐在轮椅上的残疾人，
满心沮丧和懊恼，
希望自己能自由行走。
他觉得自己并不幸福。

一位卧病在床、无法动弹的病人，
为自己的命运哭泣，
渴望自己至少能活动一下身体。
他同样觉得自己并不幸福。

这不是很可笑吗？
人类在对待幸福这件事上总是如此。

他们常常对眼前的幸福视而不见。
而他们所拥有的，
正是许多人梦寐以求，称之为幸福的东西。

别等到幸福消逝了，
才意识到它的价值。

别再只盯着自己没有的东西
或是自己不喜欢的事物。

相反，为什么不试着从
眼前已有的事物中去寻找幸福呢?

一阵凉爽的微风，
一个健康的身体，
一处美丽的风景。

仔细瞧瞧。
你现在所拥有的，
恰恰就是别人所渴望的幸福。

幸福一直就在你的眼前。
仔细看看——你已经拥有的，
正是别人所向往的。

如果你只关注自己所缺失的，
那你又怎么能获得幸福呢？

无须等待的满足

每当好事降临，
我们便会感到内心平静。

于是，我们理所当然地认为——
要想内心平静，首先得有好事发生在自己身上。

但要明白——
我们内心的平静并非源于好事的发生。
它源自善意的言辞和积极的想法。
这才是我们内心平静的原因。

内心的平静，字面意思就是从内心深处产生的平静。
它与外界发生的事情毫无关系，
完全源自我们自身。

如果你想内心平静，如果你想感到幸福，
那么就在此刻，言辞温和些，想法积极些吧。

即使有坏事发生，
如果你选择往好的方面想，说好话，以积极的态度看待事物，
你依然能够内心平静。喵……

内心的平静
并不需要等待好事的降临。
无论何时，只要你心怀善念、言辞和善、乐观处世——
你就能立刻感受到内心的平静。

所谓"简单"

那是崔叔，崔伊的爸爸。
他总说自己是个随和的人。

他吃鸡肉的时候，
只吃鸡腿——因为鸡腿肉嫩。
他喜欢细米粉，
但要是米粉煮得不合他的心意，他就一口都不会吃。

点餐的时候，他点餐的方式也很"简单"。

"来一盘罗勒炒猪肉，加个煎蛋，要做得简单点儿哦。
不过煎的时候别放油。
猪肉要选瘦肉，不要肥肉。
还有，煎蛋得先把油沥干。
就做得简单点儿就好。"

很多人觉得
自己是随和的人。

看着他们，我觉得这确实简单……
简单……只要一切都符合他们的喜好就行。

人类的复杂体现在很多层面。
但最可怕的一种情况是，
有些人本身很复杂，
却还认为自己是简单的人。

很多猫猫都忍不住暗自发笑。
人类总喜欢装作自己很随和——
但他们很容易陷入痛苦，还很难获得内心的平静。

我不知道人类是从什么时候开始忘记了，
真正的简单意味着
无论发生什么事都能保持快乐。喵……

做一个简单的人，意味着
无论发生什么都能感到快乐。

而不是嘴上说着自己简单——
却只有在事情符合自己那些复杂的要求时，
才觉得事情是"简单"的。

随遇而安

我 想 知 道 有 没 有 人 意 识 到
猫 猫 感 到 快 乐 的 另 一 个 原 因 。

即 使 有 坏 事 降 临 到 我 们 身 上 ,
即 使 猫 猫 之 间 打 了 架 ,
我 们 也 不 会 难 过 太 久 。
我 们 依 旧 会 开 心 地 微 笑 、 缓 慢 地 进 食 、 安 稳 地 入 睡 。

因为我们懂得接受
已经发生的事情。

无论发生了什么，
猫猫都会先接受现实。
无论情况如何，
猫猫都能应对。

我们能随遇而安，因为事情已经发生了。

这就是像我这样的猫猫，
无论发生什么，都能找到快乐的原因。
一旦我们接受了，事情似乎也就没那么严重了。

这就是为什么，
每次看到人类感到不安时，我都会觉得奇怪。

事情已经发生了。
不接受它……难道就能改变什么吗？
感到心烦意乱……那接下来又能做些什么呢？

接受现实并不是什么丢脸的事儿。
接受不如意的事情也并非不正常。

但最不正常的事情是——
因为已经发生的事情，
选择让自己陷入痛苦之中。

想要做真实的自己，并且感到快乐，
你首先要学会
接受已经发生的事情。

学会妥协

雨后，空气凉爽，
我便去山中散步。

刚停歇的那场雨很大，
还伴着狂风。
树木看上去焕然一新，
但有些却因承受不住暴风雨的肆虐而倾斜。

我一路走到一片草地。
尽管烈风刚刚呼啸而过，
草却依旧卓立。
而且呢，雨后的草看起来更加沁芳含翠。

草或许柔软脆弱，
却能抵御风暴。
而高大强壮的树木，
却在风中折断。

事实就是如此。
草随风弯腰，顺势而动，
树则傲然挺立，
对自己粗壮的树干满怀信心，
与风对抗，直至折断。

草教会了我们一些道理。
有时，向他人妥协
也有益处。

总是固执己见，
只相信自己，并非永远都是最佳选择。

有时，示弱也能派上用场。
我们不必时刻逞强，
偶尔展露脆弱并无大碍。

真正的强大，
有时意味着懂得何时该示弱。

真正的强大，
是强大到足以让自己感到幸福。

而不是固执地坚守自己的观点，
直至让自己陷入痛苦。

独掌无音

你曾经有过心烦意乱的时候吗?
当然啊!
无论是人类还是动物,
在某个时刻都曾有过心烦意乱的感受。

想到这儿, 我记起了有一天发生的事情。
我正沿着一堵墙走着,
突然有人朝我泼水, 把我的毛都弄湿了。

被泼了水，我心里不高兴，
但我没有生气，也没有责怪泼水的人。
我只是想，
要是早知道会这样，
我就不会从那所房子旁边经过了。

责怪别人并不会让事情变得更好，
我湿漉漉的毛也不会因此干得更快。
老想着这件事只会让我心烦，对我的健康没好处。

我们无法改变别人。
我们不能总是期望遇到好人，
但我们可以改变自己看待事情的方式。

当坏事发生时，
最好的应对方法就是先审视自己。

发生在我们身上的每一件事，
也总是与我们自身有关。

当你鼓掌时，
不管是哪只手先动，
声音都是由双手共同发出的。

当坏事发生时，
不管是谁先挑起的，
双方都有责任。

猫猫鼓掌时，声音是由两只爪子发出的。
人类鼓掌时，声音会只来自一只手吗？
为什么这么简单的道理却很难被理解呢？

没有人会长时间生自己的气。
所以有时候，就责怪一下自己，然后继续前行吧。
说到底，这不过是已经发生的一件事，它终将过去。

当坏事发生时，
你首先要学会审视自己。

发生在我们身上的每一件事，
也总是与我们自身有关。
这就是为什么，我们常常需要对自己的行为负责。

言塑心境

尽管今天天气炎热，
好在有凉风拂过，让人感到惬意。

对我来说，
在炎热的日子里，
凉爽的微风总是格外珍贵。

这让我想起了昨天，
当时我在集市上闲逛。

在酷热的天气中，
我看到一个小贩不停地抱怨，
悔恨着过去犯下的所有错误，
对过往一切都吹毛求疵。

抱怨、焦虑、满心懊恼，
为那些只存在于她自己想象中的问题而心烦意乱。

"那时候，我遇到了太多糟糕的人。
我到底做错了什么呀？"

她越说越懊恼，
越懊恼就越说个不停。
说实话，人类的有些行为
实在令人费解。

为什么他们说话时总是带着那么大的火气呢？
总是让自己陷入懊恼之中。

话语与吹拂在我们身上的风
并无不同。

友善的话语就像凉爽的微风，
刺耳的话语则如同炽热的狂风。

你希望什么样的风拂过你呢？
那就用相应的方式说话吧。

如果你想要内心平静，就温和地说话。
如果你想要给自己带来压力，那就言辞尖锐吧。
或者，如果你想保持中立，干脆就什么都别说。

别一直抱怨自己感到不安了——
事实上，那种不安感
从你开始抱怨的那一刻就已经产生了。

猫猫之所以内心平静，
是因为我们从不抱怨。
如果猫猫开始抱怨，我们也会像人类一样痛苦不堪。

别一直抱怨自己感到不安了——

因为那种不安感正是从你开始抱怨的那一刻产生的。
你的心境，都是由你的话语塑造的啊！

一把尺子

每当我在学校里闲逛时，
我都喜欢躺在阳台上，
看着老师给学生们授课。
这能帮助我更好地理解一些事情。

今天，孩子们正在学习如何使用尺子。
老师在讲解计量单位，
这样他们测量出来的结果就会很准确。

拥有一把尺子是件很棒的事。
无论谁使用它，
每个人都能用同样的方式去测量物体。

但在现实生活中，
人们衡量事物的方式却都不相同。
每个人都有自己的标准，自己的视角，
所以衡量事物的结果也不会完全一致。

这就是为什么人类常常无法相互理解。
这也是为什么猫并不总是能理解人类。

如果你想要理解某个人，这并不难，
只需看准衡量单位。
从相同的视角，使用相同的标准，
采用相同的参照系。
这样理解起来就会容易得多。

如果一只猫想要理解人类，
这只猫就必须从人的视角去看待问题。
如果一个人想要理解另一个人，
他也必须站在对方的立场去思考。

人们说他们无法相互理解，这实在有些可笑——
他们甚至从未试着从同一角度去看待问题。

每个故事都有许多不同的视角.

要做你自己并获得幸福,
你一定不能只局限于
自己的观点.

肆意生长

今天，我把自己弄得浑身脏兮兮的。

那是因为，

在追逐一只鸽子的时候，

我不小心一头栽进了草丛里。

从远处看，
这片草地生长着种类繁多的植物。
说真的，
这里令人心旷神怡。

但当你跳进去凑近看时，
你会看到盘根错节的藤蔓和扭曲的茎秆恣意蔓延，
触目皆是。
近距离看啊，这里显得杂乱无章。

我们的生活
就如同这片草地。

一片广阔的天地，承载着数不清的故事，
所有故事都交织在一起。

有些故事带来快乐，有些则令人烦恼。
有些故事只要一想起，就会让你露出微笑。

生活自有其杂乱之处，
对每个人来说都是如此。

人们之所以内心平静，并非因为他们看到的都是美好的事物。
他们只是懂得如何从整体上去看待生活。

要想清晰地看清生活，你就必须像看待一片草地那样看待它，
着眼于大局。

生活自有其混乱之处，
对每个人来说都是如此。

内心平静的人——
并非因为他们只拥有美好的事物。
他们只是懂得
如何从更宏观的角度去看待问题。

抓影子

喵，喵……
看看那边那只猫！
那是努恩阿姨的猫图恩，它正在追逐自己的影子。

它已经追了好一会儿了，可始终抓不到影子，
而且它还没意识到那是它自己的影子呢。

看着它，我心想……
影子就如同我们那飘忽不定的思绪。

你越是追逐自己的思绪，
它们就变得越发躁动不安。
无论你做什么，都无法让它们停下来。

如果你想让自己的影子停下，你得先停止奔跑。
就停下来，静静地待一会儿。
只要这样，你的影子就会静止下来。

每当你因思绪而感到疲惫不堪时，
就休息一下。什么也不做，歇一会儿。

有时候，不去过分关注自己，
实际上可能是件好事儿。

思绪就像影子，
无论你多么努力地追逐它们，你永远也追不上。

只要不去在意，
你那些躁动不安的思绪就会消失不见。

皱纹

说来有点儿好笑，喵……
如今，每当我看到一些人试图对抗衰老时，
我总是有这样的感觉。

他们的皮肤一点儿都不能松弛！
人类简直无法忍受皱纹的出现。
他们赶忙跑去打肉毒素，
只为让自己的脸始终保持紧致和年轻。

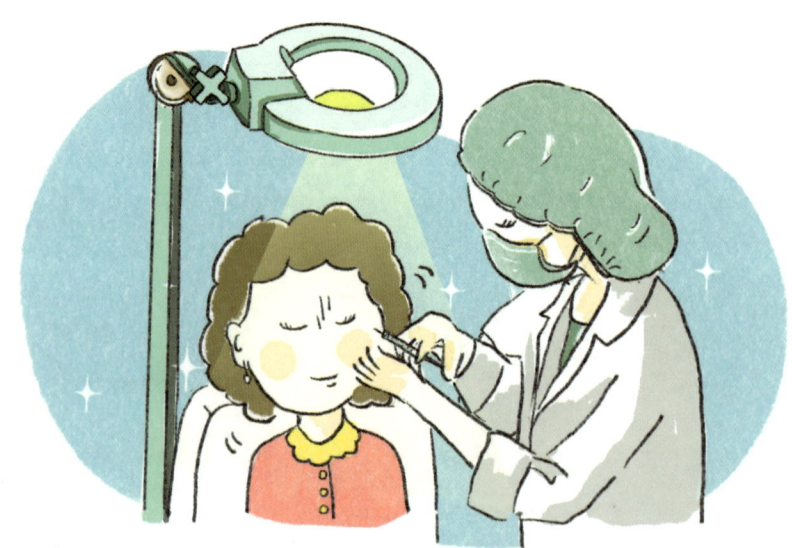

我不知道这是从什么时候开始的。
我不知道人类从何时变成了这样——
拒绝接受皱纹竟成了常态。

随着我们变老，皱纹自然会增多。
自然界的每一个生物，无论是树木还是果实，
都有皱纹。

这对猫来说都是常识。
皱纹的存在是为了提醒我们
接受自然的现实——
那就是生老病死的自然循环。

没有人能永远活着。没有人能永远相伴。
终有一天，我们都会离去。

皱纹是时间的印记，
皱纹是时间的呐喊。

"所剩时间不多了，在平凡小事中寻找快乐吧。
所剩时间不多了，别再那么焦虑不安了。"

当人类试图抹去脸上的皱纹时，
我明白他们是想永远保持美丽。

但从猫的视角来看，
优雅地老去，拥有内在美，同样也是美丽的。
而且那是一种蕴含着智慧的美。

皱纹是可以被抹去的——
但别让你的智慧也随之消失啊，喵……

皱纹是时间的呐喊。
所剩时间不多了，你不会永远留在这里。
在平凡的小事中找寻快乐吧。

如果你抹去了自己的皱纹，
请小心，别连智慧也一并抹去了！

自我欣赏

大多数人
从不珍惜自己已经拥有的东西,
这难道不奇怪吗?

如果你不信, 就去打开你的衣柜看看。
衣柜里已经塞满了衣服,
可人类总是抱怨自己没衣服穿。

衣柜是用来存放那些几乎不穿的衣服的。
而人们真正想穿的衣服
总是新买来的,
总是挂在衣柜外面。

我们的行为
往往反映了
我们对自己的看法。

当我们不懂得珍惜自己所拥有的东西时，
最终我们也会不再珍惜自己，
直到最后改变自己。

而当我们因不满而改变自己时，
我们将不得不一次又一次地改变，
永远无法真正满足。

因为我们已经习惯了
从不珍惜自己所拥有的一切。

作为猫，
我们整天梳理自己的毛发，
以保持其洁净。

通过不断审视自己，
我们学会欣赏并满足于自己本来的样子。

但那些总是向外看别人的人，
却渐渐不再欣赏自己。

但事实是——你不欣赏自己
并不意味着别人也不欣赏你。

每个人都有让别人羡慕的特质。
如果你不相信我，去问问别人吧。

哪怕只是能够正常进食、安稳入睡，
这已经是值得感恩的事情了。
有些人连这些福分都没有。
那你为什么还一直觉得
自己身上没有值得欣赏的地方呢？
猫猫们可搞不懂人类为什么会这样想呀，喵……

自我幸福的基础，
是珍惜你已经拥有的东西。

如果你想不出自己的优点，
就去问问别人吧。

水缸里的盐

每当我出去散步感到口渴的时候，
我喜欢在人家门外的陶制大水缸旁停下来，
喝点儿水歇一歇。

水缸里的水总是清凉又干净。
灰尘沉淀在底部，水面清澈透亮。

我最喜欢在大水缸里喝水了。
大水缸里的水，
味道往往比小水缸里的更好。

水的味道
取决于水缸的大小。

如果你不明白，
就想象一下装着盐的水缸。

如果我们放入同样多的盐，
大水缸里的水不会那么咸，
但小水缸里的水会格外咸。

水缸里的盐就如同生活中的问题。

如果你面临一个问题并感到不安，
你是该责怪问题本身，还是责怪自己承受问题的能力呢？
如果盐让水变成了，
我们是该怪盐，还是该怪水缸太小呢？

因为实际上，你所面临的问题，
别人也同样会遇到。
那为什么有些人就能很好地处理这些问题呢？
为什么有些水缸即便放了盐，水的味道依然很淡呢？

虽然猫猫体型小，但我们行事却像大水缸一样有肚量。
可人类呢，常常表现得像小水缸一样。
所以啊，当问题出现时，不妨先从自己身上找找原因。

如果往水缸里加了盐，水变咸了，
你是该怪盐，
还是该怪水缸太小呢？

当你感到烦恼时，
你是该怪问题的大小，
还是该怪自己的承受能力呢？

习以为常

微风轻拂，晨光熹微。

在这样的氛围中，我该去花园里打个盹儿了。

此刻，

花园里满是蝴蝶。

这就是为什么这么多猫猫都喜欢聚集在这里。

看，那是苏奶奶养的猫莫姆。

它有个习惯，总是不停地舔毛，都把自己舔伤了。

所以苏奶奶给它戴上了项圈，不让它再舔毛。

我曾经问过莫姆项圈戴着是不是很不舒服。

她否认了，说现在已经觉得习惯了。

家里其他的猫也都戴着同样的项圈。

嗯……所以说，有些反常的事情，如果反复去做，

最终也会变得习以为常。

"从反常到习以为常。"

人类也是如此。

从古至今皆是这样。

许多曾经反常的事情如今都变得习以为常了。

"你必须为了金钱而牺牲幸福——

即便你想要金钱是为了获得幸福。

你必须争论谁对谁错，

即便最好的解决办法是不争论。

你必须通过批评来表示关心——

即便真正的关心并不需要批评。"

即使大多数人都在做某件事，

也不意味着这件事就真的是正常的。

一件事正常与否，

只要你不欺骗自己，你就应该明白，喵……

如果某件事无法带来幸福，
即使大多数人都在做这件事，
也不意味着它就是正常的。

不要让反常的事情变得习以为常。
真正的正常状态，
是在你的内心依然感到幸福的时候。

镜子中的倒影

每个人都照过镜子。
当我们看向镜子时,
会看到自己的影像。

我们看到自己的模样。
我们在微笑吗?
我们的眼神和表情
看起来是友善的, 还是在对某人生气呢?

在镜子的影像中,
我们能看到所有的细节。

镜子

只能反射出

我们外在的模样，

帮助我们认识自己的外在形象。

正因为如此，许多人认为，

他们并不真正了解自己，

因为没有能反射出他们内心的镜子。

但实际上，

并非如此。

在这个世界上，有一面特殊的镜子，

可以反射出我们的内心。

这面特殊的镜子
比普通镜子存在得更加广泛。

我们总是能看到这面特殊的镜子。
只是我们从没想过要去看向它。
从未想过通过它去反思我们自己。

这面特殊的镜子叫作：
"他人对待我们的态度。"

他人对待我们的方式
始终映射着我们自身的模样。

如果我们经常对他人微笑，
人们也会很容易对我们微笑。

如果我们很容易发脾气，
除非必要，否则人们会避开我们。

如果我们对他人表现出善意，
他们也会以善意回报我们。

他人如何对待我们
便是我们自身的一种映射。

了解自己并非难事。
因为我们身边始终有一面名为"他人"的特殊镜子，
它无时无刻不在映照着我们真实的模样。

你呢？你觉得自己是怎样的一个人？
试着看看猫和人们与你互动的方式吧。
那就是真实的你。

他人对待我们的方式
是我们自身的映射。

我们以怎样的方式为人处世，
别人便会以同样的方式对待我们。

窗户

从早上就开始下雨了。
我不想被淋湿，
于是躲进了一所宅院里。

我蜷缩在窗边的桌子上。
这时，我听到有人在窗边说话。

"这是谁家的猫啊，怎么躺在我们家外面？
又脏又邋遢。"

我立刻低头看了看自己。
我哪里脏了？
我每天都梳理自己的毛发。
他们为什么要这么说我呢？

然后，我看向了他们，
那些在窗边说话的人。
这房子的窗户是透明的，
能看得清清楚楚。

哦！这窗户太脏了！
玻璃上满是污渍和脏东西。

要是我能帮他们擦干净就好了。
他们自家的窗户是脏的，
可他们却认为我是脏的。

我忍不住想笑。
人类总是想责怪一切东西，
除了他们自己。

在责怪别人之前，
难道不应该先审视一下自己吗？
因为一切都源于自身。

在说别人脏之前，仔细看看吧，
你所看到的，究竟是他人的模样，还是你内心的污垢呢？
亲爱的人类啊！

如果我们内心平静，世界也会显得平和。
如果我们内心躁动，
周围的一切也会显得令人躁动。

一切都源于我们自身。
在责怪别人之前，我们应该先审视自己。

内心的平和

在夏天，
即使天空晴朗美丽，
太阳却依然炽热无比，
热得连我们这些猫都快受不了了。

现在是雨季。
尽管有时会被弄得湿漉漉、乱糟糟，
但没关系，
凉爽的空气让人感觉很舒服。

每个人都喜欢凉爽的感觉。

像我们这样有皮毛的动物就更喜欢了。

那人类呢？我们来看看。

有些人觉得热，所以就打开风扇和空调。

他们喝水的时候，要加冰块。

所以，凉爽是大家都喜欢的。

但有件很奇怪的事——

人类贪恋清凉，

却总是

任由内心燥热难耐。

事与愿违时，他们烦躁不安；

所求未得时，他们怒火中烧。

他们用自己的执念点燃了内心的熊熊烈火。

尽管他们心里十分清楚，那种燥热的感觉并不舒服。
尽管他们明白，清凉之感能令人神清气爽。

可为什么人类总是以
让自己内心炽热难耐的方式去思考问题呢？

最终，他们内心的燥热演变成了愤怒。
一旦愤怒上头，他们的一举一动
便都失去了控制……

内心的平和，或者说一颗冷静的心，
无须借助风扇来降温，
也无须他人来给予满足。

只要什么都不做，不去胡思乱想，
内心便能悠然自得。
这就是猫猫比人类更加冷静平和的缘由。

内心的平和
无须他人来赋予。

只需摒弃杂念，不做无谓的思虑，
内心自会寻得那份静谧祥和。

04

循环往复

今天早上，我比平常起得更早。
于是我走到外面去看日出。

金色的阳光洒遍大地。
黑暗渐渐褪去，
光明取而代之。
新的一天又开始了。

然而，在四处奔跑、休憩了一整天后，
这新的一天也即将消逝。

太阳缓缓西沉。
光芒逐渐黯淡，直至微弱。
从微弱的光亮，最终变成一片漆黑。
世间万物都得回到家中，进入梦乡。

这般景象日复一日地上演。
太阳东升西落，循环往复。
它落下后不久，黑夜便匆匆走过，
待朝阳再度升起，又一次开启新程。

太阳每天都在教导我，
让我明白生活的质朴真谛——
没有什么是永恒不变的。

当黑暗降临，光明很快就会到来。
当身处光明之中，不久又必将再度陷入黑暗。
如此循环往复，周而复始。

当我们经历美好的事情时，
糟糕的事情很快就会接踵而至。
当我们面对糟糕的事情时，
它们也很快就会过去。

无论是猫猫还是人类，我们皆如此。
生活的真理存在于这个世界，从未缺席。

至于我们能否看到并从中领悟，那就取决于自己了。
毕竟，最终一切都会改变。

身处黑暗之际，光明转瞬即至；
沐浴光明之时，黑暗亦会复临。

面对逆境，莫要过度忧思；
邂逅美好，切勿执着贪恋。
毕竟，世间万物，终究皆在无常变幻之中。

忧心忡忡

"嘿！你怎么就不能把工作做得好一点儿呢？
因为你，我压力大得很。
真是个让人烦躁的早晨。"

这是我路过一个建筑工地时，
听到的一位老人的声音。

这位正在抱怨的老人名叫泰叔。
泰叔是楠婶的丈夫，而楠婶是约依叔的朋友。

泰叔是建筑工地的工头。
他干这行已经很多年了，但依旧还是会不停地抱怨。

他抱怨得越多，压力就越大。
而压力越大，他就抱怨得越厉害。
可以说，他这样的工作方式，
虽然赚了钱，可情绪上却饱受折磨。

唉……泰叔可真奇怪。
他不但不感谢工人们的辛勤付出，
反而还对他们发火。

工作中总是会出现问题，

这很正常。

因为工作中存在问题，

所以才会雇佣管理人员来处理和解决这些问题。

如果工作中没有问题，

工人们也不会犯错，

那他们还会需要雇佣泰叔吗？

那他们又为什么要给泰叔付工资呢？

工人们出的问题越多，

管理人员的职位就越稳固。

他们就不能解雇泰叔。

泰叔总能有工作，也总会有稳定的收入。

所以，别把自己变成问题的一部分。

仔细想想，其实并没有什么值得忧心忡忡的。

工作中常有差错,
此乃常态。
工作本身并非症结所在。

或许,是我们自身的心态,
将其酿成了难题。

119

时间

时间啊……

为什么人类在时间这件事上会有这么多困扰呢?

那天，绍妈妈的女儿玛普朗
在抱怨错过了截止日期。
她发牢骚说:"时间根本不够用啊。"

而今天，还是这个玛普朗，
又在抱怨上班路上堵车了。
她嘟囔着："时间可真漫长啊。"

所以到头来，错的总是时间，是吧？
不是嫌时间太少，就是嫌时间太长。

在猫猫的世界里，
时间仅仅只是时间而已。

时间是快是慢，是长是短，
并不取决于时间本身，
而是取决于我们对时间的感受。

如果我们渴望拥有更多时间，
就会觉得时间不够用。

如果我们希望时间能快点儿过去，
就会觉得时间过得无比漫长。

事情就是这样。
一切都源自我们内心的感受。

"我们的感受方式，
塑造了我们对世间万物的认知。"

一个脾气暴躁的人和一只快乐的猫，
他们之所以不同，正是因为对这一点的理解不同。

或觉匮乏，或感冗余，
根源不在外物，而存乎我们的思想。

世间万象，
皆由我们内心的感受雕琢成型。

123

平凡时刻

猫猫的日常生活并不复杂。
无论哪只猫，
它们每天做的事情往往都差不多。

四处溜达，梳理毛发，
蜷成一团休息，
然后不经意间就睡着了。

猫猫一天中会把这些事情
反复做上许多次。

人类可能会觉得这些行为
无足轻重，或者毫无意义。

但你知道吗？
我们反复做的这些简单的事情，
实际上是最为独特且重要的。

因为这意味着我们在做真实的自己。
我们做着自己喜欢的事，
因为这就是我们本来的样子。

一件事情做得多了，就会觉得稀松平常，
但正因为它重要，我们才会常常去做。

人类也是如此。

那些我们习以为常、觉得再普通不过的事情，

实际上却是最为独特且有意义的。

我们所经历的那些平凡时刻，

比如在假期里躺着看电影，

或者和父母一起吃顿饭。

我们可能会觉得这些只是寻常事，

但如果有一天，

我们再也无法做这些事情了，

我们就会意识到，自己失去了

一些真正特别的东西。

所以，让我们珍惜

这些平凡的时刻吧。喵……

那些我们习以为常、看似平凡的事情，
往往被我们视作理所当然。
直到有一天无法再去做时，
我们才恍然发现，

原来平凡之中蕴藏着最珍贵的东西。

传染

今天早上醒来时，我鼻子堵塞不通，
还开始流鼻涕。

或许是因为我去探望了小杰布，
它已经患流感好些日子了。

无论对人类还是对动物，
流感都是一种极易传染的疾病。

说起传染病，
这让我联想到了幸福与痛苦。
因为它们同样也很容易传播开去。

一个灿烂夺目的微笑，
一个快乐的人散发出的愉悦气息。

当我们身处快乐的人身边时，
仿佛他们的幸福会蔓延到我们身上，
让我们也开心起来。

夺眶而出的泪水和啜泣的声音，
熊熊燃烧的怒火，
弥漫着悲伤的压抑氛围。

倘若我们靠得太近，
就会觉得仿佛
他们的痛苦也传递到了我们身上。

幸福与痛苦，
都如同传染病一般，
它们轻易地四处传播，
一旦成了"慢性病"，就难以治愈。

然而，除了具有传染性之外，
幸福还是一剂良药，
能够治愈痛苦。

每当你感到悲伤时，
不妨试着让自己被幸福环绕。
他人给予的幸福，
美丽风景带来的幸福，
一部精彩电影带来的幸福。

渐渐地，你的悲伤
就会被幸福所替代。

老是听着悲伤的歌曲，
沉浸在悲伤的情绪和戏剧性的情节里，
幸福又怎么会到来呢？

就连猫猫都知道要在凉爽的地方入睡，
在舒适的地方休憩。

那为什么人类就不能做出同样的选择呢？
我们可以自己选择，
是想要幸福，还是想要悲伤。

痛苦与幸福，
宛如具有传染性的疫病。

若你渴望体验某种情感，
那就让自己
置身于能唤起这种情感的情境之中。

梦想

你觉得像我这样的猫猫

也会有梦想吗?

人类总是热衷于做梦。

梦想成为别人,

或者梦想拥有别人所拥有的东西。

一个并非忠于自我的梦想,

一个仅仅是想要变得和别人一样的梦想,

真的能被称为梦想吗?

对我来说，
梦想是对自己的种种期望的集合。

今天，我希望获得幸福。
所以我会让自己幸福起来。
就是这么简单。

无论猫猫还是人类，
我们在很多方面可能各不相同，
但有一件事是我们共有的，
那就是对幸福的向往。

幸福是对梦想
最简单、最直接的答案。

成为社会期望我们成为的样子，
追逐着社会为我们设定的梦想，
我们可能并不会像想象中那样幸福。

那些被社会期望所塑造的梦想，
比如成为医生、律师或工程师。

这些社会认为我们应该扮演的角色，
如果我们不能做真实的自己，
或许并不能带来真正的幸福。

有些医生饱受抑郁症的折磨，
有些律师因处理的案件而倍感压力，
有些工程师辞去工作去追寻别的东西。

如果我们在所做的事情中感受不到幸福，
那还能称为梦想吗？

梦想和期望
其实非常简单。
或许是我们自己
把它们变得复杂了。

一个美好的梦想，
是能让你做真实的自己，
并依然感到幸福。

心怀善意

在早高峰时段，
当我走过这条路时，
总会看到长长的车龙。

每一个驾车经过这条路的人都会抱怨：
"为什么红灯亮这么久？
信号灯是不是坏了？怎么还不变绿啊？"

但当我走到路的另一边时，
我看到了两个街头小贩。
她们在车辆之间穿梭，向等待红灯的司机们
兜售小吃。

她们也在抱怨：
"又变绿灯了？这么快！
真希望红灯能再久一点儿，
这样我们就能多卖点儿东西了。"

就在那一刻，我明白了。
在这个世界上，总是存在着不同的观点。

比如说，当我们被困在红灯前时，
如果只看到这件事给我们自己带来的不便，
我们就会感到沮丧和烦躁。

但如果我们看到这件事给别人带来的好处，
我们就会感到释然，也不会那么恼怒了。

当我们能够体谅他人时，内心会感到平静。
当我们不那么自私时，内心会感到安宁。

理解他人，
从他人的角度看世界，
实际上能给我们自己
带来更多的幸福。

做真实的自己并获得幸福，
你需要学会以积极的眼光看待世界，
并以善意去关怀他人。

后记

做自己，
并没有固定的形式。

做自己，
也没有刻板的标准。

但幸福地做自己，
意味着对自己本来的样子、
对自己所拥有的一切感到满足。

接受真实的自己，
但也不要过于执着。

一个幸福的穷人和一个痛苦的富人。
他们都在做自己，
但方式却截然不同。

一个在做自己的同时，
对自己所拥有的一切都感到满足。
另一个虽然也在做自己，却只看到自己所缺乏的，
总是想要更多。

当你只看到自身的匮乏时，
幸福便无处可寻。

每一个生命生来都不同，
有着不同的社会地位，
成长环境也各异，
就像大小不一的杯子。

幸福如同杯中的水量。
如果杯子是满的，幸福就很多。
如果杯子是半满的，幸福就少一些。

以本真之态寻得幸福，
并非要让自己成为一只更大的杯子，
也绝非意味着要不断扩容。

关键在于杯中的水量，
也就是我们对所拥有的一切所感受到的幸福。

如果我们降低自己的要求，让自己成为一个小一点儿的杯子，
那么同样多的水就能把它完全装满。

仅仅因为很多人都在开心地做着同一件事，
仅仅因为每个人都在追逐潮流，互相效仿。

这并不意味着每个人心中的"杯子"都会同样盈满，
也不意味着我们做了同样的事就会收获同等的快乐。

倘若杯中的水量本就各不相同，
那一味模仿他人，让自己的杯子看起来和他人的一样，
又有什么意义呢？

如果你不了解杯子的大小，
就无法把它装满水。

如果你不先真正了解自己，
就无法找到真正的幸福，
也无法做真实的自己。

看看家里那只懂得知足的猫猫，
再问问总是觉得缺少些什么的自己。

你真正需要的是什么？
生活真正的平衡点又在哪里呢？

"欲成就本真之我并拥享喜乐，
亦需深谙做自己应张弛有度、适可而止之道。"

莫将世事搅扰得纷繁复杂，莫让欲壑难填支配了自己。
以简为美，素心向暖，喜乐自会如影随形。
喵喵喵……

149

插画师手记

时光飞逝，不知不觉间，我又完成了一部新的作品。
我想表达我的感激之情。
感谢那些在我思绪陷入困境时，
给予我指导的前辈们；
感谢我身边的大自然，它激发了我的想象力；
感谢我所经历的那些事情，
它们让我反思，并拓宽了我看世界的维度；

最后，我要感谢每一位拿起这本书的读者，
正是因为你们的支持，
我才有了持续创作的热情和动力。
真心希望本书能够为
每位读者的心灵带来慰藉。

——帕那查孔·尤萨拜